BEI GRIN MACHT SICH IHR WISSEN BEZAHLT

- Wir veröffentlichen Ihre Hausarbeit,
  Bachelor- und Masterarbeit

- Ihr eigenes eBook und Buch -
  weltweit in allen wichtigen Shops

- Verdienen Sie an jedem Verkauf

Jetzt bei www.GRIN.com hochladen
und kostenlos publizieren

Heiko Lindner

Wissensintensive unternehmensorientierte Dienstleistungen

Bedeutung, Standortverhalten und Dynamik in Deutschland

GRIN Verlag

Bibliografische Information der Deutschen Nationalbibliothek:

Die Deutsche Bibliothek verzeichnet diese Publikation in der Deutschen National-
bibliografie; detaillierte bibliografische Daten sind im Internet über http://dnb.d-
nb.de/ abrufbar.

Impressum:

Copyright © 2010 GRIN Verlag GmbH
Druck und Bindung: Books on Demand GmbH, Norderstedt Germany
ISBN: 978-3-640-74942-3

Dieses Buch bei GRIN:

http://www.grin.com/de/e-book/160339/wissensintensive-unternehmensorientierte-
dienstleistungen

GRIN - Your knowledge has value

Der GRIN Verlag publiziert seit 1998 wissenschaftliche Arbeiten von Studenten, Hochschullehrern und anderen Akademikern als eBook und gedrucktes Buch. Die Verlagswebsite www.grin.com ist die ideale Plattform zur Veröffentlichung von Hausarbeiten, Abschlussarbeiten, wissenschaftlichen Aufsätzen, Dissertationen und Fachbüchern.

Besuchen Sie uns im Internet:

http://www.grin.com/

http://www.facebook.com/grincom

http://www.twitter.com/grin_com

Rheinisch-Westfälische
Technische Hochschule Aachen

Geographisches Institut

Wissensintensive unternehmensorientierte Dienstleistungen

Bedeutung, Standortverhalten und Dynamik in Deutschland

von

Heiko Lindner

Sommersemester 2010
Hausarbeit

Inhaltsverzeichnis

1. Einleitung

Schon von Jean Fourastié als „große Hoffnung" gesehen, gewannen Dienstleistungen in der späteren Hälfte des 20. Jahrhunderts stark an Bedeutung. Der wirtschaftliche Strukturwandel wird überwiegend durch die Tertiärisierung bestimmt. Innerhalb dieser dynamischen Entwicklung sticht der moderne Begriff des quartären Sektors und damit auch der wissensintensiven Dienstleistungen, durch starkes Wachstum, besonders heraus.

Diese Arbeit befasst sich mit den wissensintensiven unternehmensorientierten Dienstleistungen - speziell mit ihrer Situation in Deutschland. Sie geht zunächst auf den Begriff der wissensintensiven unternehmensorientierten Dienstleistungen und ihre wirtschaftliche Bedeutung ein. Als ein weiterer Schwerpunkt wird ihre Wachstumsdynamik betrachtet. Abschließend wird auf das Standortverhalten eingegangen.

2. Begriff wissensintensiver unternehmensorientierter Dienstleistungen

Der Begriff der unternehmensorientierten Dienstleistungen konzentriert sich auf Dienstleistungen (z. B. Forschung und Entwicklung, Wartung, Werbung, Beratung) deren Nachfrager Unternehmen, sowohl aus Produktion, als auch Dienstleistungsunternehmen, sind (Kulke 2008: 142).

Wissensintensive Dienstleistungen bilden eine Teilmenge der unternehmensorientierten Dienstleistungen. Sie basieren auf persönlich erbrachten Dienstleistungen wobei der Mensch hierbei eine höhere Stellung im Erstellungsprozess einnimmt. Da der Wissensbegriff alle theoretischen und praktischen Fähig- und Fertigkeiten umfasst zählt eigentlich jede persönlich erbrachte Dienstleistung zu den Wissensintensiven (Schaffer 2003: 61). Anders als Routinedienstleistungen, die zum Beispiel Wartungsdienstleistungen beinhalten, zeichnen sie sich jedoch durch einen überdurchschnittlich hohen Anteil an besonders qualifizierten Arbeitskräften aus (Strambach 2007: 708).

Zurzeit besitzen mehr als 11% der beteiligen Erwerbspersonen einen Hochschulabschluss oder es wird ein hoher Anteil an Naturwissenschaftlern und Ingenieuren beschäftigt (> 4,5% der Beschäftigen) (Schasse 2009: 4).

3. Bedeutung in Deutschland

Allgemein bietet der Dienstleistungssektor oft große Potenziale für Wachstum und Beschäftigung in Deutschland (Döhrn et al. 2008: 13).

So beruht der wirtschaftliche Strukturwandel nicht nur auf der Zunahme der Bedeutung des Dienstleistungssektors, sondern auch in der stetigen Differenzierung innerhalb der Dienstleistungen (Strambach 2004b: 2). Seit den 1980er Jahren wachsen insbesondere die unternehmensorientierten Dienstleistungen stark an (Strambach 2007: 707). In den 1990er Jahren wurde daraufhin deutlich, dass wissensintensive Dienstleistungen besonders stark wachsen (Strambach 2007: 708).

Im Folgenden wird zunächst auf ihre wirtschaftliche Bedeutung sowie die Arbeitsmarktanteile eingegangen.

Die Bedeutung der wissensintensiven unternehmensorientierten Dienstleistung in Deutschland wird an ihrem großen Anteil an der Bruttowertschöpfung deutlich (Tabelle 3-1). Den größten Anteil von 36,5% nehmen hierbei die wissensintensiven Dienstleistungen ein. Über 12% entfallen davon u. a. auf *Dienstleistungen überwiegend für Unternehmen, Forschung und Entwicklung* also namentlich den wissensintensiven unternehmensorientierten Dienstleistungen. Im Jahr 2001 entfielen 69,7% der Bruttowertschöpfung auf Dienstleistungen (Strambach 2004a: 52).

Tabelle 3-1: Anteil der wissensintensiven Wirtschaftszweige an Wertschöpfung und Beschäftigung in der Gewerblichen Wirtschaft in Deutschland 2006 (verändert nach Schasse 2009: 6).

	Anteil an Bruttowertschöpfung	Anteil an Erwerbstätigen
Verlags-, Druckgewerbe, Vervielfältigung	1,4	1,4
Nachrichtenübermittlung	2,7	1,6
Kreditgewerbe	4,1	2,3
Versicherungsgewerbe	1,3	0,7
Kredit- und Versicherungshilfsgewerbe	0,9	0,9
Datenverarbeitung und Datenbanken	2,0	1,7
Forschung und Entwicklung	0,5	0,5
Dienstleistungen überwiegend für Unternehmen	12,0	13,0
Gesundheits-, Veterinär- und Sozialwesen	9,3	12,9
Kultur, Sport und Unterhaltung	2,3	2,6
Wissensintensive Dienstleistungen insgesamt	36,5	37,6
nachrichtlich:		
Wissensintensives produzierendes Gewerbe	21,0	12,1
Nicht-wissensintensives produzierendes Gewerbe	16,6	18,0
Nicht-wissensintensive Dienstleistungen	25,9	32,2

3

Ebenso wird aus Tabelle 3-1 das Beschäftigspotenzial der wissensintensiven unternehmensorientierten Dienstleistungen deutlich. 13% aller Erwerbstätigen in Deutschland sind in diesem Bereich tätig (Schasse 2009: 6).

Der internationale Vergleich zeigt jedoch, dass wissensintensive Dienstleistungen und damit auch die Unternehmensorientierten in Deutschland, weniger schnell vorankommen. Damit tragen sie in Deutschland auch weniger zum gesamtwirtschaftlichen Einkommen bei (Abbildung 3-1).

Generell zeichnen sich die wissensintensiven unternehmensorientierten Dienstleistungen jedoch durch ein großes Potential und ein hohe Dynamik aus. Dadurch sind sie ein signifikantes Merkmal des wirtschaftlichen Strukturwandels (Strambach 2004a: 50).

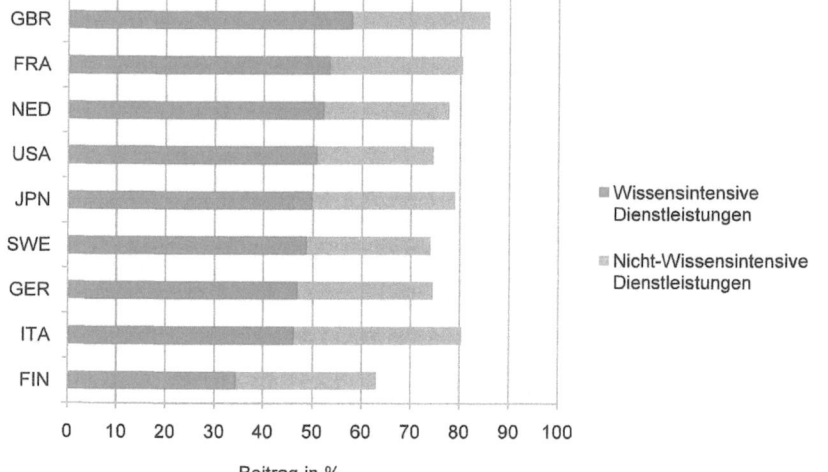

Quelle: EU KLEMS Database. - Berechnungen des NIW.

Abb. 3-1: Beitrag zum Wachstum der Bruttowertschöpfung in der gewerbl. Witschaft 1995-2005 in % (aus Schasse 2009: 12)

4. Wachstumsdynamik und ihre Gründe

Nicht nur die momentane Bedeutung der wissensintensiven unternehmensorientierten Dienstleistungen ist groß - sie zeichnen sich ebenfalls durch ihren starken Bedeutungszuwachs aus.

In Deutschland erhöhte sich von 1996 - 2000 die Anzahl der umsatzsteuerpflichtigen Unternehmen dieses Bereiches um 48,8% (absolut 159501). Dieser Zuwachs entspricht gesamtwirtschaftlich betrachtet dem 9-fachen des Wachstums aller Wirtschaftszweige (Strambach 2007: 708).

Dies spiegelt sich bei den Arbeitsplätzen wieder: gingen im produzierenden Gewerbe Arbeitsplätze verloren, stiegen sie im hier betrachteten Bereich auf 243483 neue sozialversicherungspflichtige Stellen an, was rund „26 Prozent aller neu entstandenen Arbeitsplätze des tertiären Sektors" (Strambach 2007: 709) entspricht.

Zur Erklärung dieses Expansionsdranges können drei (vier) Thesen betrachtet werden: „die Externalisierungs-, die Interaktions- und die Innovationsthese" (ebd.). Kulke (2008) gibt dazu noch die Parallelitätsthese an. Da eine große Ähnlichkeit zur Innovationsthese gegeben ist, wird sie zusammen mit der Parallelitätsthese betrachtet.

4.1 Externalisierungsthese

Die Externalisierungsthese setzt ein kostenbedingtes „Outsourcing" voraus: die Auslagerung von ehemals internen Diensten auf neue Unternehmen.

Das heißt: stellt ein Unternehmen fest, dass ein externes Unternehmen eine Dienstleistung günstiger erbringt als die entsprechende interne Abteilung, gliedert es diese aus und bezieht die Dienstleistung von einem externen Dienstleister (Albach 1989: 7 f.). Dadurch ließe sich der Zuwachs von unternehmensorientierten Dienstleistungen erklären (Strambach 2007: 709).

Jedoch haben u. a. Untersuchungen in Deutschland an mehreren Industriebranchen (*Fahrzeug-, Maschinenbau, Nahrungs- und Futtermittelherstellung* sowie *Herstellung chemischer Erzeugnisse*) im Jahr 2004, bei denen jeweils der Anteil einer (externen) Vorleistung am Produktionswert einer Branche betrachtet wurde, ergeben, dass in einigen Branchen verstärkt Outsourcing stattfand in anderen wiederum rückläufig war (Döhrn et al. : 47 ff.). Daraus lässt sich schließen, dass die Externalisierung nur einen Teil an der Expansion der unternehmensorientierten Dienstleistungen ausmachen. Sie bewirken eher Umschichtungen als einen reellen Zuwachs bei unternehmensorientierten Dienstleistungen (Kulke 2008: 164).

Daher ist die Externalisierungsthese nicht als Erklärung für den kontinuierlich starken Zuwachs wissensintensiver unternehmensorientierter Dienstleistungen geeignet (Strambach 2007: 709).

4.2 Interaktionsthese

Zum Beginn der 1990er Jahre gewinnt die Interaktionsthese an Bedeutung. Ihr Ansatz setzt die „Interaktion zwischen Nachfrager und Anbieter" (Strambach 2007: 709) voraus. Hierbei besteht - sektorübergreifend - eine wachsende Nachfrage nach spezialisiertem Wissen (Strambach 2004b: 2) bzw. einem höheren Bedarf an Dienstleistungen (Kulke 2008: 164). Gründe hierfür sind beispielsweise die Globalisierung und die zunehmende internationale Arbeitsteilung, sowie der, auch daraus resultierende, steigende Bedarf an neuen Logistikkonzepten. Hier entsteht eine höhere Nachfrage bei damit verbundenen Unternehmen, sowohl bei distributiven, als auch bei wissensintensiven Dienstleistungen (ebd.).

Aus der Interaktion und dem gegenseitigen Erfahrungsaustausch von verschiedenen Akteuren entstehen Lernprozesse, wie z. B. das „learning by interacting", die wiederum Innovationen hervorbringen (Bathelt/Glückler 2003: 40; Haas/Lindemann 2003: 4).

Ebenso entstehen „Spill-over-Effekte" durch die enge Zusammenarbeit von produzierenden Unternehmen und Dienstleistern. Größerer Bedarf, Innovationen und Rationalisierungen auf der Seite der Nachfrage sorgen dadurch für ein reelles Wachstum bei den unternehmensorientierten Dienstleistungen und damit bei den Beschäftigungszahlen (Kulke 2008: 164; Strambach 2007: 710).

4.3 Innovationsthese und Parallelitätsthese

Ein relativ neuer Ansatz ist die Innovationsthese. Sie führt das Wachstum wissensintensiver unternehmensorientierter Dienstleistungen auf ihren Einfluss bei der Entstehung von Innovationen zurück (Strambach 2007: 710).

Das Wissen wird als Produktionsfaktor eingesetzt und ermöglicht die Entwicklung von „know-how-intensiven" Produkten, wobei den wissensintensiven Dienstleistungen eine besondere Bedeutung zugesprochen wird (Haas/Lindemann 2003: 2). Als Produkte zählen hierbei insbesondere Forschungs- und Entwicklungsleistungen, Expertise sowie Know-how zur Problembewältigung. Dabei wird vorhandenes Wissen, welches sowohl disziplinär als auch räumlich separiert sein kann adaptiert und kundenspezifisch zu Problemlösungszwecken angepasst bzw. kombiniert (Strambach 2007: 710). Durch solche innovative Dienstleistungsprodukte wird (externes) Expertenwissen an den Markt bzw. an die Nachfrageseite geleitet (ebd.).

Es entsteht ein Erfahrungsaustausch, der eine Brücke zwischen der Interaktionsthese und der Innovationsthese schlägt, denn Innovationen entstehen oftmals in innovativen bzw. kreativen Milieus (Bathelt/Glückler 2003: 190). Sie entstehen also „nicht in Isolation, sondern [werden] in Interaktion mit anderen Unternehmen oder Institutionen entwickelt." (Haas/Lindemann 2003: 2).

Durch die Unterstützung der Wissenstransformation in marktreife Produkte gelten sie als zentrales Element der Wissensökonomie (Strambach 2007: 710).

Einen weiteren, ähnlichen Ansatz bietet die Parallelitätsthese. Sie „nimmt an, dass sich Dienstleister im Verlauf des wirtschaftlichen Fortschritts durch diversifizierte Angebote neue Märkte erschließen." (Kulke 2008: 165)

Das heißt, dass neue Dienstleistungsunternehmen (z. B. Finanzholdings und Investmentbanken) entstehen, welche mit eigenen, speziellen (also innovativen) Angeboten am Markt agieren. Durch die Entstehung solcher neuen Unternehmen kommt es ebenfalls zu einem Wachstum im Bereich der wissensintensiven, unternehmensorientierten Dienstleistungen (ebd.).

5. Standortverhalten in Deutschland

5.1 Räumliche Konzentration

In Deutschland ist die räumliche Anordnung wissensintensiver unternehmensorientierter Dienstleistungen durch große regionale Unterschiede gekennzeichnet. Ähnlich

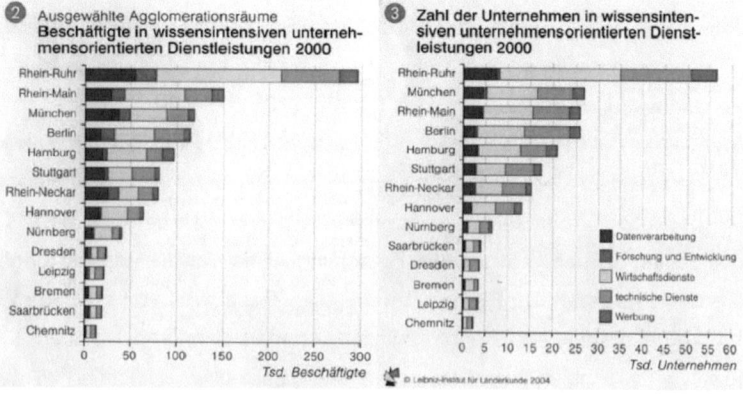

Abb. 5-1: Beschäftigte (links/2) und Unternehmen (rechts/3) wissenintensiver unternehmensorientierte Dienstleistungen in ausgewählten Agglomerationsräumen 2000 (verändert nach Strambach 2004a: 50).

wie in anderen europäischen Ländern, konzentrieren sie sich in Deutschland vorwiegend „in hoch verdichteten Räumen" (Strambach 2004a: 53), hier insbesondere jedoch in den stark wachsenden westdeutschen Agglomerationsräumen, was auch aus Abb. 5-2 ersichtlich wird. Die genaue Verteilung der Beschäftigten wird dort wiedergegeben.

In den Agglomerationsräumen arbeiteten im Jahr 2000 ungefähr 70% der Beschäftigten der wissensintensiven unternehmensorientierten Dienstleistungen (Abb. 5-1). Dort gehören bis zu 20% der Beschäftigten und 30% der Unternehmen diesem Wirtschaftsbereich an (Strambach 2004a: 53).

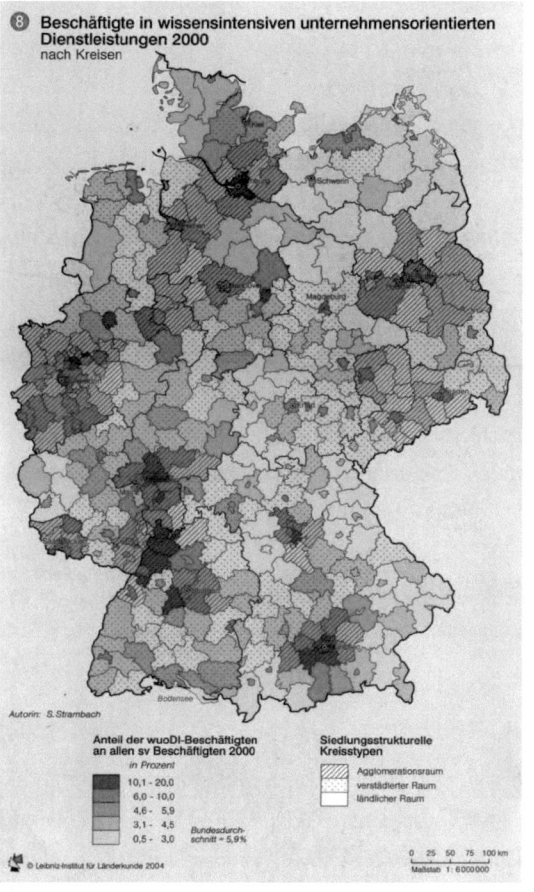

Abb. 5-2: Beschäftigte in wissenintensiven unternehmensorientierten Dienstleistungen nach Kreisen (Quelle: Strambach 2004a: 52).

Im Gegensatz dazu weisen einige ländliche Kreise „weniger als 1% der Beschäftigten und [...] Unternehmen dieses Wirtschaftsbereiches" (Strambach 2004a: 53) auf. Obwohl auch in ländlichen Gebieten durch moderne Informations- und Kommunikationstechnologien eine Dezentralisierung diesbezüglich möglich wäre. Ballungsräume bieten also eine Reihe von Vorteilen, die sie für wissensintensive Dienstleistungen attraktiv machen (ebd.).

5.2 Agglomerationsvorteile

Auch die wissensintensiven Dienstleistungen profitieren von den Vorteilen, die ihnen Agglomerationen bieten.

Dies sind zum einen die gute Erreichbarkeit der Märkte und Kunden, gute Kooperationsmöglichkeiten und flexible Arbeitsmärkte, die u. a. durch eine höherwertige (IuK-) Infrastruktur gegeben sind (Bathelt/Glückler 2003: 128; Strambach 2004a: 53).

So bieten Lokalisationsvorteile, die durch die Anhäufung von Unternehmen einer Branche entstehen, ein „großes Potenzial spezialisierter Arbeitskräfte" (Bathelt/Glückler 2003: 128) und daraus resultierende Informations- und Wissensflüsse. Sie wirken als Anreiz für weitere Unternehmensansiedlungen (ebd.). Hierdurch können Wissenspillover-Effekte entstehen, die für die Entstehung von Dienstleistungsinnovationen maßgeblich sind.

Weiter bieten Urbanisationsvorteile diversifizierte Arbeitsmärkte durch intersektorale Verflechtungsmöglichkeiten. Auf Grund geballter Ansiedlung von Unternehmen kann sich ferner ein großes Spektrum an Dienstleistungen aufbauen, was allgemein „Ansiedlungs- und Gründungsimpulse [auslösen] und [...] ballungsverstärkend" (Bathelt/Glückler 2003: 128) wirken kann.

Es besteht die Möglichkeit, „von externen Wissensquellen zu lernen und vorhandenes Wissen anzureichern oder neu zu kombinieren" (Strambach 2004a: 53).

5.3 Regionale Spezialisierungen

Agglomerationsvorteile spiegeln sich auch in der Spezialisierung der einzelnen Regionen wider. So weisen verschiedene Ballungsräume „verschiedene sektorale Spezialisierungen auf." (Strambach 2004a: 53). Während im Agglomerationsraum Hamburg die Werbebranche herausragt (ebd.), ist der Raum München auf Datenverarbeitung und Telekommunikation spezialisiert (Baier/Gräf 2004: 134; Strambach 2004a: 53).

Hat doch „jedes vierte deutsche Internetunternehmen seinen Hauptsitz in München."
(Baier/Gräf 2004: 134)

Andererseits können solche dauerhaft beständigen Spezialisierungen nicht alleinig auf Agglomerationsvorteile und die damit verbundenen infrastrukturellen Ausstattungen erklärt werden. Hier sind Lernprozesse und Spill-over Effekte von großer Bedeutung.

Eine wichtige Rolle spielt die langfristige Entwicklung der Region bzw. der dort ansässigen Dienstleistungsbranche, weshalb es für neue Unternehmen aus wissensintensiven Dienstleistungsfeldern schwierig ist, sich in Regionen in denen sie vorher nicht vertreten waren anzusiedeln.

Diese Schwierigkeiten zeigen sich auch am Beispiel der neuen Bundesländer (Abb. 5-1 und Abb. 5-2) (Strambach 2004a: 53).

Durch ihre jeweiligen Spezialisierungen besitzen einige Regionen Wissensvorsprünge, die ihnen Gewisse Wettbewerbsvorteile bieten können, spielen sie im Innovationsprozess und damit in ihrem Wachstum eine große Rolle.

6. Fazit

Wissensintensive unternehmensorientierte Dienstleistungen nehmen stetig an Bedeutung zu. Durch ihr dynamisches Wachstum und ihre stetige Weiterentwicklung bzw. Ausdifferenzierung, gelten sie als eine Leitfigur der sich entwickelnden Wissensökonomie.

Wissen und Wissensvorsprünge liefern durch ihr Innovationspotenzial neue Möglichkeiten und eröffnen dadurch neue Absatzmärkte. Hierin begründet sich auch ihr Wachstumspotenzial.

Agglomerationsvorteile und langjährige Erfahrungen nutzend, können sich einige Regionen herauskristallisieren und spezialisieren. Dies bietet den dort ansässigen Unternehmen Chancen auf der einen und Schwierigkeiten für neue, nicht etablierte Unternehmen auf der anderen.

Deshalb gilt es die Möglichkeiten, welche die Wissensökonomie bietet zu erfassen, zu bewerten und schließlich zu fördern, um ihr Potenzial voll auszuschöpfen.

7. Literaturverzeichnis

Albach, H. (1989): Dienstleistungen in der modernen Industriegesellschaft. In: Perspektiven und Orientierungen, Bd. 8. München: Beck.

Baier, K., Gräf, P. (2004): Standorte der Telekommunikationselemente. In Leibniz-Institut für Länderkunde (Hrsg.): Nationalatlas Bundesrepublik Deutschland, Bd. Unternehmen und Märkte. Leipzig. S. 134-135.

Bathelt, H., Glückler, J. (2003²): Wirtschaftsgeographie. Stuttgart: Ulmer, UTB.

Döhrn, R., Dehio, J., Graßkamp R., Janssen-Timmen, R., Scheuer M. (2008): Potentiale des Dienstleistungssektors in Deutschland für Wachstum von Bruttowertschöpfung und Beschäftigung - Forschungsvorhaben des Bundesministerium für Wirtschaft und Technologie - Endbericht. Essen: RWI Rheinisch-westfälisches Institut für Wirtschaftsforschung.
< http://www.bmwi.de/BMWi/Redaktion/PDF/Publikationen/Studien/potenziale-des-dienstleistungssektors-endbericht,property=pdf,bereich=bmwi,sprache=de,rwb=true.pdf > (abgerufen am: 21.03.2010)

Haas, H.-D., Lindemann, S. (2003): Wissensintensive unternehmensorientierte Dienstleistungen als regionale Innovationssysteme. Zeitschrift für Wirtschaftsgeographie: Jg. 47, Heft 1, S. 1-14.

Kulke, E. (2008³): Wirtschaftsgeographie. Paderborn, München, Wien, Zürich: Schöningh, UTB.

Schaffer, M. (2003): Wissensintensive Dienstleistungen - Zum Management wissenstransferbasierter Dienstleistungen. In: Meyer, P. W., Meyer, A. (Hrsg.): Schriftenreihe Schwerpunkt Marketing, Band 59. München: Verlag der Fördergesellschaft Marketing.

Schasse, U. (2009): Bedeutung der wissensintensiven Dienstleistungen für Wachstum von Wertschöpfung und Beschäftigung - Beitrag zum Workshop „Wissensintensive unternehmensbezogene Dienstleistungen im Fokus der BMWi-Förderung zu Internationalisierung von Dienstleistungsunternehmen" am 16. September 2009. Hannover: NIW Niedersächsisches Institut für Wirtschaftsforschung e.V.

< http://www.bmwi.de/BMWi/Redaktion/PDF/W/workshop-wissensintensiven-dienstleistungen-schasse,property=pdf,bereich=bmwi,sprache=de,rwb=true.pdf > (abgerufen am: 21.03.2010)

Strambach, S. (2004a): Wissensintensive unternehmensorientierte Dienstleistungen. In: Leibniz-Institut für Länderkunde (Hrsg.): Nationalatlas Bundesrepublik Deutschland. Bd. Unternehmen und Märkte. Leipzig, S. 50-53.

Strambach, S. (2004b): Wissensökonomie, organisatorischer Wandel und wissensbasierte Regionalentwicklung - Herausforderungen für die Wirtschaftsgeographie. Zeitschrift für Wirtschaftsgeographie, Jg. 48, Heft 1, S. 1-18.

Strambach, S. (2007): Unternehmensorientierte Dienstleistungen. In: Gebhardt, H., Glaser, R., Radtke, U., Reuber, P. (Hrsg.) (2007): Geographie - Physische und Humangeographie. Heidelberg: Spektrum Akademischer Verlag.